Christian Immler

1979

Technik aus deinem Geburtsjahr

Du bist so alt wie der ...

Walkman®

FRANZIS

Bildverzeichnis: Cover, 1, 3: Joao Seabra/Shutterstock.com; 6: ullstein bild – Zentralbild/Eberhard Klöppel; 7: one AND only/Shutterstock.com; 9: imago/Sven Simon; 11: imago/United Archives; 12: dimm3d/Shutterstock.com; 13: Vaclav P3k/Shutterstock.com; 14: Chrysler Simca; 15, 19, 23, 25, 26, 33, 42, 44, 45, 50, 55, 56, 64: Christian Immler; 16: Ulrich Dorn; 17: Presse03 via Wikimedia Commons; 18: dnd_project/Shutterstock.com; 20: Wiking; 21: Fischertechnik; 22: Fleischmann; 24 links: U.S. Patent; 24 rechts: seewhatmitchsee/Shutterstock.com; 27: 360b/Shutterstock.com, 28: taka1022/Shutterstock.com; 29: Grand Warszawski/Shutterstock.com; 30: tomarillo/Shutterstock.com; 31: imago/ZUMA/Keystone; 34-37 (Hintergrund): Zakharchuk/Shutterstock.com; 35, 38, 39: NASA; 36: imago/ITAR-TASS; 46: MPW57 via Wikimedia Commons; 48: Ivan Demyanov/Shutterstock.com; 49: Pouply via Wikimedia Commons; 51: Peter Albrektsen/Shutterstock.com; 57: Anton Ivanov/Shutterstock.com; 58, 59: Konstantin Lanzet via Wikimedia Commons; 61: Coentor via Wikimedia Commons; 62: PresN via Wikimedia Commons; 63: Sebastian Grünwald via Wikimedia Commons

Bibliografische Information der Deutschen Nationalbibliothek

Die Deutsche Nationalbibliothek verzeichnet diese Publikation in der Deutschen Nationalbibliografie; detaillierte bibliografische Daten sind im Internet über http://dnb.ddb.de abrufbar.

© 2019 Franzis Verlag GmbH, Richard-Reitzner-Allee 2, 85540 Haar bei München

Autor: Christian Immler

Konzept und Produktmanagement: Florian Greßhake

Sprachlektorat: Sibylle Feldmann

Cover: Julie Kechter

Layout & Satz: Nelli Ferderer, *nelli@ferderer.de*

ISBN: 978-3-645-60618-9

Eine Zeitreise in Ihr Geburtsjahr

Jedes Jahr bringt neue technische Erfindungen, Gadgets, Highlights und Flops mit sich. Gerne erinnern wir uns zurück an die technischen Spielzeuge aus unseren Kindheitstagen, aber auch an die bahnbrechenden Entdeckungen und Produkteinführungen, die das Leben für immer veränderten.

1979 war ein ganz besonderes Jahr. Reisen Sie gemeinsam mit Christian Immler zurück in Ihr Geburtsjahr. Sie werden überrascht sein, was im Bereich Technik alles los war!

Liebes Geburtstagskind, ...

--- 1979 * TECHNIK AUS DEINEM GEBURTSJAHR * FRANZIS ---

1979

FRANZIS * 1979 * TECHNIK AUS DEINEM GEBURTSJAHR

1979

Inhaltsverzeichnis

Ziemlich viel los

In Deutschland begann das Jahr 1979 mit dem »Jahrhundertwinter«, der vielen, besonders in Schleswig-Holstein, Niedersachsen und Hamburg, bis heute in Erinnerung ist. In den letzten Tagen des alten Jahres und den ersten Januartagen 1979 kam es in Schleswig-Holstein, Teilen von Niedersachsen und dem heutigen Mecklenburg-Vorpommern zu starken Schneefällen. Die Temperaturen waren innerhalb weniger Stunden um mehr als 20 Grad gefallen. Etwa 80 Orte und die Inseln waren von der Außenwelt abgeschlossen, der Bahnverkehr kam zum Erliegen, Straßen waren nur noch mit Geländefahrzeugen der Bundeswehr zu befahren. Private geländegängige Fahrzeuge gab es außer in der Landwirtschaft damals noch nicht. Eine Versorgung durch die Luft war wegen der starken Stürme nahezu unmöglich. Strom- und Telefonnetze brachen im wahrsten Sinne des Wortes zusammen, da die meisten Leitungen in den 1970er-Jahren noch über Masten verlegt waren, die der Schneelast nicht standhielten. Da wegen fehlender Abstimmung der Sprechfunkfrequenzen keine Koordination der Hilfsorganisationen

mit kommunalen Einrichtungen und Energieversorgern möglich war, wurden Funkamateure um Hilfe gebeten. Im Februar und März gab es nochmals Schneefälle mit ähnlich katastrophalen Folgen.

1979 war auch das Jahr des Kindes, die UNO-Generalversammlung hatte dies bereits 1976 beschlossen. Es gab zahlreiche Veranstaltungen, und Polen legte Entwürfe für eine Kinderrechtskonvention vor, die zehn Jahre später von der UN-Generalversammlung angenommen und von fast allen Staaten außer den USA ratifiziert werden sollte.

In der bulgarischen Hauptstadt Sofia wurde der Glockenpark eröffnet, mit über 70 Glocken aus verschiedenen Ländern eine der größten Sammlungen. Der Park, der offiziell »Internationaler Park der Kinder der Welt« heißt, wurde anlässlich des »Internationalen Kinderparlaments ›Banner des Friedens‹« (Banner of Peace), das unter der Schirmherrschaft der UNESCO im Internationalen Jahr des Kindes stand, eingeweiht.

Am 9. Januar trat die Popgruppe Bee Gees im Rahmen des Internationalen Jahres des Kindes bei einem UNICEF-Konzert auf und spendete die gesamten weltweit erzielten Tantiemen aus ihrem neuen Titel »Too Much Heaven« – insgesamt über 7 Millionen US-Dollar – dem Kinderhilfswerk der Vereinten Nationen.

Erdöl und Atomenergie waren die Hoffnungsträger der Wirtschaft der 1970er-Jahre. Die Ölindustrie musste im Jahr 1979 zahlreiche schwere Tankerunfälle hinnehmen, die Atomindustrie erfuhr starken Gegenwind aus der Bevölkerung. Eine der größten Protestaktionen war der Gorleben-Treck, der mit rund 100.000 Teilnehmern und 500 Traktoren Ende März vom geplanten Standort für das Atommüllendlager in Gorleben nach Hannover zog, wo in

diesen Tagen das Gorleben-Hearing stattfand. Am 31. März kam es in Hannover zu einer der größten Antiatomkundgebungen in Deutschland. Das Interesse an diesem Thema wurde noch verstärkt, da drei Tage vorher in Harrisburg (USA) der bis dahin schwerste Unfall in einem Kernkraftwerk passiert war.

Noch im selben Jahr wurden diverse Landesverbände der Grünen gegründet, aber auch die Deutsche Gesellschaft zum Bau und Betrieb von Endlagern für Abfallstoffe mbH (DBE), die später mit der Betriebsführung der Lagerstätten für radioaktive Abfälle in Gorleben und im Schacht Konrad beauftragt wurde. Nach der Wiedervereinigung übernahm die Gesellschaft auch den Betrieb des ehemaligen DDR-Endlagers in Morsleben.

Als 1979 bekannt wurde, dass die NATO-Staaten Ende des Jahres mit dem sogenannten NATO-Doppelbeschluss die Stationierung von Pershing-II-Raketen in Europa beschließen wollten, entstand die neue, vielschichtige Friedensbewegung mit weitreichenden Sympathien in der Bevölkerung, auch in den damaligen Ostblockstaaten.

Da kam es auch nicht gut an, dass die US-Armee im Jahr 1979 unter dem Namen Operation Quicksilver auf der »Nevada Test Site« 14 Kernwaffentests durchführte, deren Ergebnisse geheim blieben. Diese Tests sorgten weltweit für Antiatomprotestaktionen. Erst 1992 wurden die in den folgenden Jahren fortgeführten Tests durch ein internationales Memorandum gestoppt.

Als Alternative zum zunehmenden, umwelt- und menschenunfreundlichen Autoverkehr in den Großstädten wurden im Jahr 1979 in Deutschland der Allgemeine Deutsche Fahrrad-Club (ADFC) und in Österreich die Arbeitsgemeinschaft umweltfreundlicher Stadtverkehr (ARGUS) gegründet.

Zu dieser Zeit war der Kalte Krieg zwischen den beiden deutschen Staaten auf einem Höhepunkt. Die erste Nachkriegsgeneration war mittlerweile alt genug, sich für den Nachbarn zu interessieren, was aber von offizieller Seite mit aller Kraft unterdrückt wurde. In der DDR versuchte man, den immer stärkeren Einfluss des populären Westfernsehens in den Griff zu bekommen, in der BRD sollte die DDR aus den

Gedanken der Menschen verschwinden. Offizielle Werbepostkarten und Broschüren der Stadt (West-)Berlin zeigten die DDR als graue Fläche auf der Landkarte, ebenso wie alle anderen Ostblockstaaten. Es waren nicht einmal Landesgrenzen, geschweige denn wichtige Städte, eingezeichnet. Die uns bekannte Welt endete kurz hinter Helmstedt, mit einer kleinen Inselnamens Berlin, die ähnlich unbekannt wie Helgoland weit vor der Küste lag. Umso aufsehenerregender war es, als am 16. September 1979 im bayerischen Zonenrandgebiet ein Heißluftballon mit acht DDR-Flüchtlingen landete.

Wenige Wochen später, am 7. Oktober 1979, feierte die DDR mit groß angelegten Paraden ihr 30-jähriges Bestehen, der Westen hatte bereits fünf Jahre zuvor das 25-jährige zelebriert. Denn schließlich wollte man mit dem ungeliebten Nachbarn nicht einmal gleichzeitig Geburtstag feiern.

In Sachen Technik war 1979 ein ausgesprochen zukunftsträchtiges Jahr. Besonders in Deutschland wurden Gebäude eingeweiht und Schiffe getauft, die immer noch entscheidende Rollen spielen. Die Computertechnik machte wesentliche Fortschritte, die sich bis heute nachhaltig auf die Entwicklung dieser damals noch jungen Technologie auswirkten.

Timeline

16. Januar 1979
Schah Mohammad Reza Pahlavi verlässt den Iran, Ajatollah Khomeini übernimmt die Regierung.

21. Januar 1979
Der Film »Holocaust« kommt in die Kinos und bringt diesen bis dahin weitgehend unbekannten Begriff in die deutsche Alltagssprache.

9. Februar 1979
In Kiel wird die Deutsche Hausfrauengewerkschaft gegründet.

12. Februar 1979
Eröffnung der ersten Weltklimakonferenz in Genf.

13. März 1979
Das Europäische Währungssystem EWS, der Vorläufer des Euro-Systems, tritt in Kraft.

16. März 1979
Gründung der Grünen als Listenbündnis zur Europawahl.

26. März 1979
Israelisch-ägyptischer Friedensvertrag – Camp David I.

27. März 1979
Das Gesetz über die Änderung des Ehenamens (EheNÄndG) tritt in Kraft.

31. März 1979
Großkundgebung gegen das Atommüllendlager in Gorleben.

27. April 1979
Das internationale Übereinkommen zur Seenotrettung (SAR-Übereinkommen von 1979) wird in Hamburg verabschiedet.

27. April 1979
In der Bonner Rheinaue eröffnet die Bundesgartenschau. Ziel war es, die nach diversen Regierungsbauten der letzten 30 Jahre in der provisorischen Hauptstadt noch noch verbliebenen Grünflächen als Naherholungsgebiet zu retten.

1. Mai 1979
Grönland erlangt seine Selbstverwaltung und innere Autonomie mit eigenem Parlament, bleibt aber eine »Nation innerhalb des Königreichs Dänemark«.

17. Mai 1979
Bundesforschungsminister Hauff eröffnet die erste öffentliche Magnetschwebebahnstrecke, die während der internationalen Verkehrsausstellung in Hamburg etwa 50.000 Fahrgäste von den Messehallen über 908 Meter zum Freigelände der Fahrzeugausstellung auf dem Heiligengeistfeld transportiert.

21. Mail 1979
Elton John gibt als erster westlicher Popstar ein Konzert in der Sowjetunion, in Leningrad.

23. Mai 1979
Karl Carstens wird Bundespräsident und gibt sein Amt als Bundestagspräsident an Richard Stücklen ab.

9. Juni 1979
Der Hamburger SV wird deutscher Fußballmeister.

10. Juni 1979
Europawahl, erste Direktwahl von deutschen Abgeordneten zum Europäischen Parlament.

16. Juni 1979
Das erste »Rock gegen Rechts«-Festival in Frankfurt ist mit über 50.000 Besuchern ein großer Erfolg, ein für denselben Tag angekündigter Aufmarsch der NPD wird verboten.

18. Juni 1979
Leonid Breschnew und Jimmy Carter, die damals mächtigsten Männer der Welt, unterzeichnen in Wien das SALT-II-Abkommen zur Begrenzung von Atomraketen.

25. Juni 1979
Erstmals regelt ein Gesetz in Deutschland den Mutterschaftsurlaub – nach verschiedenen Namensänderungen heute als Elternzeit bezeichnet.

3. Juli 1979
Der Deutsche Bundestag hebt die Verjährung bei Mord und Völkermord endgültig auf.

12. Juli 1979

Reinhold Messner und Michael Dacher erreichen als erste Menschen ohne Sauerstoffgeräte den Gipfel des K2.

12. Juli 1979

Im Rahmen der Internationalen Funkausstellung (IFA) widmet die Deutsche Bundespost Berlin der damals neu angekündigten Bildschirmtext-Technologie (BTX) eine Briefmarke.

13. August 1979

Die Cap Anamur I nimmt im chinesischen Meer die ersten vietnamesischen Flüchtlinge auf.

7. September 1979

Erste bekannte Hausbesetzung, der »Turm« in Berlin-Kreuzberg.

12. September 1979

Bundestagsdebatten werden jetzt farbig im Fernsehen gezeigt. Am selben Tag weist der Iran ARD-Korrespondenten aus.

27. September 1979

Der Allgemeine Deutsche Fahrrad-Club (ADFC) e. V., die Interessenvertretung der Fahrradfahrer in Deutschland, wird in Bremen gegründet.

30. September 1979

Gründung der Frauenpartei, die 1987 einmalig mit sehr geringem Erfolg zur Bundestagswahl antritt und seit 1989 nicht mehr öffentlich erscheint.

7. Oktober 1979

30 Jahre DDR wird im Osten groß gefeiert. Eine vergleichbare Feier zum 30. Geburtstag der BRD gibt es nicht.

7. Oktober 1979
Zum ersten Mal zieht eine grüne Partei in ein Landesparlament, die Bremische Bürgerschaft, ein.

14. Oktober 1979
Anti-AKW-Demonstration in Bonn, mit rund 100.000 Teilnehmern die bis dahin größte.

26. Oktober 1979
Die WHO gibt offiziell die Ausrottung der Pocken bekannt.

24. November 1979
Mit der Eröffnung des ersten MediaMarkts wird die heutige Media-Saturn-Holding GmbH gegründet. 1990 werden die Saturn-Märkte übernommen.

12. Dezember 1979
Der NATO-Doppelbeschluss zur Nachrüstung mit Atomwaffen wird trotz umfangreicher Proteste in fast allen NATO-Staaten in Brüssel gefasst.

18. Dezember 1979
Die Vereinten Nationen verabschieden das Übereinkommen zur Beseitigung jeder Form von Diskriminierung der Frau.

23. Dezember 1979
Die Seilbahn auf das Klein Matterhorn in Zermatt, die höchstgelegene Seilbahn Europas (3.820 m), nimmt ihren Betrieb auf.

Auto des Jahres 1979

Den Titel »Auto des Jahres«, eine jährlich von einer Jury von Zeitschriftenredakteuren vergebene Auszeichnung, erhielt 1979 der Simca Horizon vor dem Fiat Ritmo und dem Audi 80 B2. Der Simca Horizon war ein Kleinwagen auf der Basis des Simca 1100 und wurde nach übernehmen des französischen Herstellers Simca unter den Marken Chrysler und Talbot noch einige Jahre weiter verkauft.

Der Trip-Computer, eine frühe Form des Bordcomputers, der den aktuellen und durchschnittlichen Benzinverbrauch sowie einige andere Fahrzeugdaten anzeigen konnte, trug wesentlich dazu bei, dass dieses auf den ersten Blick unscheinbare Auto im typisch eckigen Design der 1970er die begehrte Auszeichnung zugesprochen bekam.

Übrigens: In Ulm fand 1979 die erste Oldtimermesse Technorama statt. Seit 2005 laufen unter diesem Namen dreimal im Jahr Messen in Ulm, Kassel und Hildesheim.

Brücken verbinden – aber keine deutschen Staaten

Wenn auch nicht politisch – in dieser Hinsicht gab es keinerlei Anzeichen eines Brückenschlags zwischen beiden deutschen Staaten –, aber auf jeden Fall bautechnisch war 1979 das Jahr des Brückenbaus in Deutschland. In diesem Jahr wurden Brücken fertiggestellt und dem Verkehr übergeben, die noch heute zu den wichtigsten Verkehrsadern zählen.

Kochertalbrücke

Die Kochertalbrücke bei Geislingen am Kocher ist nicht nur die höchste der 1979 eröffneten Brücken, sondern sogar mit 185 Metern über dem Flusslauf des Kocher in Baden-Württemberg die höchste aller Talbrücken in Deutschland. Über die 1.128 Meter lange Spannbetonbrücke läuft die Bundesautobahn A6 zwischen Heilbronn und Crailsheim, die auf diesem Teilstück Teil der Europastraße E50 ist. Die höchsten Pfeiler der Brücke sind mit 178 Metern die höchsten Brückenpfeiler aller Balkenbrücken weltweit. Der Turm des Ulmer Münsters, der höchste Kirchturm der Welt, könnte bequem unter dieser Brücke stehen.

Fleher Brücke

Die am 3. November 1979 dem Verkehr übergebene Fleher Brücke überbrückt den Rhein zwischen Düsseldorf und Neuss. Der am linken Rheinufer stehende Stahlbetonpylon, der diese Schrägseilbrücke trägt – mit 146 Metern der höchste in Deutschland –, ist von Rheinschiffen aus über viele Kilometer zu sehen. Die Brücke, die als eine von wenigen Autobahnbrücken zusätzlich einen Fuß- und einen Radweg trägt, war bei ihrer Fertigstellung mit 368 Metern Spannweite die längste Schrägseilbrücke der Welt. Heute hält sie nur noch den deutschen Rekord, einige Brücken sind mittlerweile deutlich länger. Den Weltrekord hat die Russki-Brücke bei Wladiwostok mit einer größten Spannweite von 1.104 Metern inne.

Harburger Eisenbahnbrücke

Die alte Eisenbahnbrücke über die Süderelbe bei Hamburg-Harburg wurde im Jahr 1979 durch eine Neukonstruktion mit einem 340 Meter langen Stahlfachwerk ersetzt. Diese Brücke ist eine der wichtigsten Bahnbrücken Deutschlands. Über sie läuft nahezu der gesamte Bahnverkehr aus Hamburg und Schleswig-Holstein nach West- und Süddeutschland, da weiter abwärts in Richtung Elbmündung keine weitere Bahnbrücke existiert.

Eisenbahnbrücke Herrenkrug

Die Reichsbahn der DDR eröffnete im Jahr 1979 den 680 Meter langen Neubau der Elbebrücke Herrenkrug an der Bahnlinie Berlin – Magdeburg. Die Brücke ersetzte die Vorgängerbrücke von 1873 wenige Meter daneben, die nach Fertigstellung der Neukonstruktion abgerissen wurde.

Palmrainbrücke

Die Palmrainbrücke verbindet seit dem 29. September 1979 die Baden-Württembergische Stadt Weil am Rhein mit dem französischen Huninque. Zur Zeit der Eröffnung befanden sich am französischen Ufer an der Brücke noch Grenzkontrollhäuschen. Die 288 Meter lange Brücke ist Teil der Bundesstraße B532, die mit nur 2,5 Kilometern Länge zu den kürzesten in Deutschland zählt. Die allerkürzeste ist übrigens die B468, die die beiden nur einen Kilometer voneinander entfernt liegenden bayerischen Orte Waldbüttelbrunn und Mädelhofen verbindet.

Huntesperrwerk

Das Huntesperrwerk bei Elsfleth, das am 1. Oktober 1979 in Betrieb genommen wurde, sperrt die Mündung der Hunte in die Weser ab und dient so bei Sturmfluten und Weserhochwasser dem Hochwasserschutz der Städte Oldenburg und Elsfleth. Im Normalbetrieb steht das Sperrwerk für die Schifffahrt offen. Die zeitgleich eröffnete Klappbrücke über dem Sperrwerk, die das Elsflether Ufer mit dem Elsflether Sand verbindet, wird jeweils zur vollen Stunde für fünf Minuten geschlossen. Auf der Brücke verlaufen ein Fußweg und ein Radweg, der Teil des beliebten Weserradwegs ist.

Technik im Kinderzimmer

Im Kinderzimmer war in diesem Jahr so einiges los! So vergab etwa die Regierung von Ungarn 1979 die weltweiten Verkaufsrechte für den schon im Jahr 1976 patentierten Rubik's Cube an die US-Firma Ideal Toy Corporation, in Deutschland als Arxon Plastic bekannt. Dies war der Start für den Erfolg des beliebten Zauberwürfels, der ein Jahr später in Deutschland in den Handel kam.

Matchbox oder Wiking

Womit spielen kleine Jungs heute am liebsten? Mit Autos! Oft ist »Auto« sogar vor »Mama« und »Papa« das erste Wort, das sie klar und deutlich aussprechen können.

Es gab zwei völlig unterschiedliche Spielarten: Matchbox und Wiking. Matchbox war in den 1970er-Jahren zum Synonym für alle Arten von kleinen robusten Metallautos geworden, auch wenn sie von anderen, unbekannteren Herstellern kamen. Jeder Junge kannte aus den Prospekten das Wort Zinkdruckguss, das für ultimative Belastbarkeit stand. Matchbox-Autos wurden überallhin mitgenommen, an den Strand und in den Matsch. Die Kipper beförderten alles, von Bonbons über Sand bis zu lebenden Schnecken, und wenn man einmal darauf trat, taten eher die Füße weh, als dass dem Matchbox-Auto etwas passiert wäre. Alle Matchbox-Autos waren gleich groß, auf Maßstab wurde kein Wert gelegt, sie mussten nur in die typischen Schachteln passen. Matchbox lieferte auch praktische Transportkoffer mit Plastikeinsätzen in der Farbe Schwimmbadblau mit, mit denen man seine umfangreiche Sammlung auf den Spielplatz oder gar in den Urlaub mitnehmen konnte.

Im Vergleich dazu waren Wiking-Autos heilig, genauso heilig wie Papas Modelleisenbahn im Keller, zu der sie im Maßstab 1:87 genau passten. Anders als bei Matchbox war ein Sportwagen wirklich deutlich kleiner als ein Containersattelzug. Bis ins letzte Detail entsprachen Wiking-Autos ihren Vorbildern. Die Detailtreue ging bereits damals so weit, dass eine Planierraupe, eine Wiking-Neuheit von 1979, noch heute im Programm ist und die Herstellungsform immer noch den aktuellen sehr hohen Qualitätsansprüchen der Firma genügt. Dass Wiking bestimmte Teile wie Anhängerkupplungen oder Kranhaken überproportional vergrößerte, um die Spielbarkeit zu gewährleisten, fiel uns Kindern nicht auf.

Wiking folgte den Trends der Zeit und lieferte Modelle der Fahrzeuge, die im Alltag auf deutschen Straßen zu sehen waren: Pkws besonders der klassischen deutschen Hersteller VW und Mercedes sowie Lastwagen aller Art. Am spannendsten waren natürlich Bau- und Feuerwehrfahrzeuge, die ab und zu mal einen Einsatz auf Papas Modelleisenbahn fahren durften. Denn niemand wäre auf die Idee gekommen, ein Wiking-Auto in den Sandkasten mitzunehmen oder auf einer Rutschbahn ein

Rennen damit zu fahren. Dafür gab es schließlich Matchbox, wo kein großer Wert auf Detailtreue gelegt wurde, da es keinen Maßstab gab. Das störte aber niemanden, denn die Vorbilder der Matchbox-Autos waren seinerzeit fast alles britische Fahrzeugtypen (teilweise sogar mit Lenkrad rechts) die hierzulande noch kein Kind je im Original gesehen hatte und hätte vergleichen können.

In den späten 1970ern kamen die ersten Werbemodelle auf, die Vorläufer der heute so beliebten Werbe-Lkws. Wiking hatte schon seit einiger Zeit immer wieder Lkws mit Schriftzügen deutscher Speditionen bedruckt, Matchbox brachte 1979 einen Lieferwagen mit Werbung für das Schokogetränk Suchard Express auf den deutschen Markt. Dass es sich dabei um einen amerikanischen Dodge Van handelte, fiel nicht weiter auf. Schon Ende der 1960er gab es eine breit angelegte Werbekampagne mit dem britischen Mineralölkonzern BP, bei der Tankwagen und Abschlepper mit BP-Logos beklebt wurden. Sogar eine ganze Tankstelle im BP-Design war im Programm. Speziell für Deutschland wurden die gleichen Fahrzeuge später in Blau mit Aral-Aufkleber gefertigt. Die deutsche Aral-Kette gehörte damals noch nicht zum BP-Konzern.

Die Wiking-Neuheiten und Abwandlungen im HO-Maßstab **1979**

Diese Aufstellung ist vorläufig und nicht verbindlich. Aus technischen oder sachlichen Gründen können sich Änderungen oder sogar Modellwechsel ergeben. Dies gilt insbesondere für alle Modelle mit Werbe-Beschriftung.

Das Schwergewicht der Entwurfsarbeit lag für dieses Jahr bei den Leicht-Transportern und Feuerwehr-Fahrzeugen. – Die entstandenen Modelle dürften für sich selbst sprechen. Auch die übrigen Neuerscheinungen erforderten viel technischen Aufwand wie z. B. neue Stahlformen für Koffer-Aufbauten, Verdecke und ähnliches.

Die vermerkten Preise sind unverbindliche Preisempfehlungen.

Darstellung in halber Größe der Modelle.

Modelleisenbahn

Die Modelleisenbahnanlage im Keller begeisterte Väter und Söhne gleichermaßen. Hier bastelte man tagelang, besonders bei schlechtem Wetter, an Landschaften und Häusern. Viele von uns haben ihre Grundkenntnisse in Elektrik und Mechanik eher anhand der Eisenbahn als in der Schule erworben. Dabei gab es, wie noch heute, zwei verschiedene Systeme. Märklin-Loks wurden mit Wechselstrom betrieben, wozu in der Mitte des Gleises eine unterbrochene dritte Stromschiene lag. Fleischmann und einige andere Hersteller setzten auf ein vorbildgetreues Gleis, das nur aus zwei Schienen bestand, die den Plus- und den Minuspol eines Gleichstromkreises bildeten, was das Rückwärtsfahren durch einfache Polumkehrung erleichterte. Märklin brauchte dazu einen speziellen Steuerimpuls. Digitale Modellbahnsteuerung war 1979 noch nicht ansatzweise denkbar.

Fleischmann setzte nicht nur bei den Gleisen, sondern vor allem auch bei Lokomotiven auf extreme Vorbildtreue. »Fleischmann Bahn, das präg Dir ein, ist die Bundesbahn in klein«, das war der Werbespruch der 1970er-Jahre. Aktuelle Trends der Deutschen Bundesbahn wurden perfekt umgesetzt. So erschien 1979 das Modell der gerade erst vorgestellten Drehstromlok der Baureihe 120 in beige-roter Originallackierung. Eine weitere Neuheit war der ozeanblau-beige lackierte Dieseltriebwagen der Baureihe 614. Die Deutsche Bundesbahn hatte diese ehemals orange-weißen Triebzüge kurz vorher in ihr neues Standardfarbschema umlackiert. Selbst den bei Fahrgästen wenig beliebten Quick-Pick-Speisewagen mit einem Mensa-ähnlichen Selbstbedienungsbuffet, der seit dem neuen IC-'79-Konzept in Intercity-Zügen eingesetzt wurde, würdigte Fleischmann mit einer Neuheit.

FLEISCHMANN

MODELLBAHNEN

HO

4095

Modell der schweren Eh 2 Universal-Tenderlok mehrerer europäischer Bahn-verwaltungen, LüP: 145,5 mm.

Model of a heavy mixed traffic tank loco – Eh 2. of many European railways – Overall length 145.5 mm.

Modèle de la loco-tender lourde Eh 2 utilisée par plusieurs Compagnies de chemins de fer européennes. Lht.: 145,5 mm.

4350

Modell der modernsten Bo'Bo'-Mehrzweck-Ellok der DB, Baureihe 120, LüP: 220 mm.

Model of the most modern mixed traffic. Bo-Bo electric loco of the DB, Class BR 120. Overall length 220 mm.

Modèle de la locomotive mixte Bo'Bo', la plus moderne de la DB, Serie 120. – Lht.: 220 mm.

4434

Modell des 2-teiligen Dieseltriebzuges der DB. Baureihe 614. Moderne "ozeanblau/beige" DB-Lackierung, LüP: 537 mm.

Model of a 2-coach diesel railcar of the DB. Class 614. Modern "ocean blue/beige" DB livery. Overall length: 537 mm.

Modèle de l'autorail diesel double, type 614 de la DB. Peinture moderne en turquoise/beige de la DB. Lht.: 537 mm.

4436

Modell des Triebwagen-Mittelwagens der DB. Baureihe 914. Ohne Motor. Moderne "ozeanblau/beige" DB-Lackierung, Länge über Wagenkasten: 257 mm.

Model of a centre coach for diesel railcar set, type 914. Without motor. Modern "ocean blue/beige" DB livery. Overall length: 257 mm.

Modèle de la voiture intermédiaire type 914 pour l'autorail diesel DB. Sans moteur. Peinture moderne en turquoise/beige de la DB. Lht.: 257 mm.

4204

Modell der B-dieselhydraulischen Mehrzweck-Lok, grün, Baureihe MV 9 von O & K. LüP: 96 mm.

Model of an 0-4-0 diesel hydraulic multi purpose locomotive. Class MV 9 from O & K. Overall length: 96 mm.

Modèle de la locomotive diesel hydraulique mixte, type MV 9 de O & K. Lht.: 96 mm.

5045

Kühlwagen "GROLSCH-BIER", LüP: 105 mm, Dach abnehmbar.

Refrigerated wagon "GROLSCH-BIER". Removable roof. Overall length: 105 mm.

Wagon frigo "GROLSCH-BIER". Lht.: 105 mm. Toit amovible.

5066

Personenwagen 2./3. Klasse, Modell des BCiPr 05 a der ehemaligen DR. LüP: 124 mm, mit Inneneinrichtung.

2/3rd Class Coach. Model of the former DR type BCiPr 05 a. Overall length: 124 mm. Complete with interior details.

Voiture de 2e/3e classe, type BCiPr 05 a de l'ancienne DR. Lht.: 124 mm. Aménagement intérieur.

5069

Personenwagen 3. Klasse, Modell des CiPr 05 a der ehemaligen DR, LüP: 124 mm, mit Inneneinrichtung.

3rd Class Coach. Model of the former DR type CiPr 05 a. Overall length: 124 mm. Complete with interior details.

Voiture de 3 e classe, type CiPr 05 a de l'ancienne DR. Lht.: 124 mm. Aménagement intérieur.

5193

Schnellzug-Speisewagen "QUICK-PICK", Modell des WRbumz[139] der DB, LüP: 264 mm.

Express refreshment coach "QUICK-PICK". Model of a DB type WRbumz[139]. Overall length: 264 mm.

Voiture restaurant "QUICK-PICK" pour trains express, type WRbumz[139] de la DB. Lht.: 264 mm.

5337

Gedeckter Schiebewandwagen, Modell eines schweizerischen Privatwagens der Brauerei "WARTECK" Basel, LüP: 169 mm, mit 4 Seitenwänden zum Öffnen und Schließen.

Covered "sliding wall" wagon. Model of a Swiss private owner wagon – "WARTECK" of Basle. Overall length: 169 mm. 4 opening and closing side walls.

Wagon fermé à parois mobiles. Modèle d'un wagon privé suisse de la brasserie "WARTECK" à Bâle. Lht.: 169 mm. Avec 4 portes latérales coulissantes.

Bau-Spiel-Bahn von Fischertechnik

Das Baukastensystem von Fischertechnik gehörte schon damals zu
den beliebtesten Technikspielzeugen nicht nur für Kinder. Man konnte
damit so ziemlich alles bauen, nur keine Eisenbahn. Es fehlte einfach an
entscheidenden Teilen.

Die Bau-Spiel-Bahn, die große Fischertechnik-Neuheit des Jahres 1979,
war eine Bahn, die auf Fleischmann-Gleichstromgleisen im H0-Maß-
stab fuhr. Neu waren im Wesentlichen die Achsen, das Fahrwerk für die
Lokomotiven sowie die Stromabnehmer auf den Schienen. Im Gegensatz zu typischen H0-Modelleisenbahnen hatte die Bahn Kunststoffräder
und brauchte daher eigene Stromabnehmer. Fischertechnik lieferte
verschiedene Komplettpakete wie auch Bausätze einzelner Lokomotiven
und Wagen sowie Schienen. Man konnte aber auch eine vorhandene
Modelleisenbahnanlage nutzen, wenn sie großzügig genug gebaut war,
da die Züge auf Fischertechnik-Grundplatten mit einer Breite von
45 mm basierten und so deutlich breiter als H0-Züge waren.

Viele Teile wie auch der verwendete Motor waren bewährte Fischertechnik-Komponenten. So konnte die Bahn beliebig erweitert werden. Für die Wagen brauchte man eigentlich nur die speziellen Achsen, obwohl in den Bausätzen auch zahlreiche neue Sonderteile mitgeliefert wurden.

Zur Markteinführung der Bau-Spiel-Bahn gab es auch noch eine Packung mit einem Zug in N-Spur ohne Motor. Sie blieb ein Einzelstück, das System wurde nicht weiterverfolgt. Die Packung erzielt heute bei eBay Höchstpreise.

LEGO-Männchen

Die typischen LEGO-Steine mit acht Noppen, die im Maßstab 1:7 einem Ziegelstein entsprechen, wurden schon 1958 patentiert. 1979 meldete LEGO die heute mindestens genauso wichtige dreiteilige Spielfigur (Kopf/Körper mit Armen/Beine) zum Patent an.

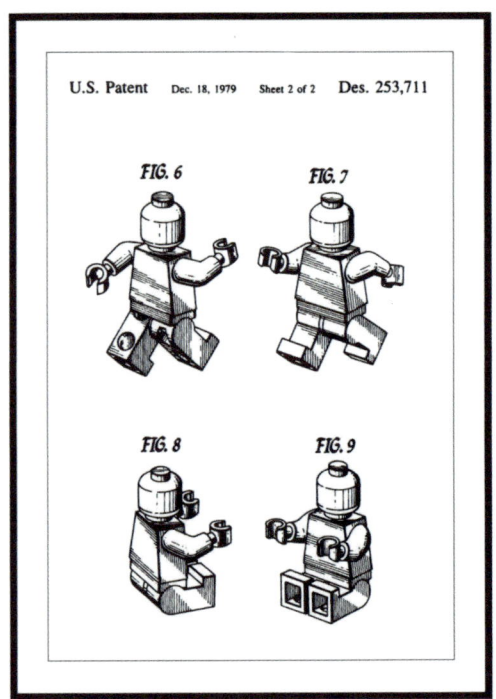

Spiel des Jahres

Im Jahr 1979 wurde erstmals der Kritikerpreis »Spiel des Jahres« vergeben, mit dem jedes Jahr eine unabhängige Jury von Spielekritikern ein besonders empfehlenswertes Spiel auszeichnet. Der Preis gilt heute als wichtigste Auszeichnung in der Spielebranche und beschert dem Spiel in der Regel auch einen großen wirtschaftlichen Erfolg.

Der erste Preisträger war das Spiel »Hase und Igel« von David Parlett, erschienen im Ravensburger Verlag. Auf den ersten Blick mutet es wie ein Kinderspiel an, stellt sich dann aber als interessante mathematische Herausforderung dar. Im Jahr 2000 legte der Abacus-Verlag das Spiel neu auf.

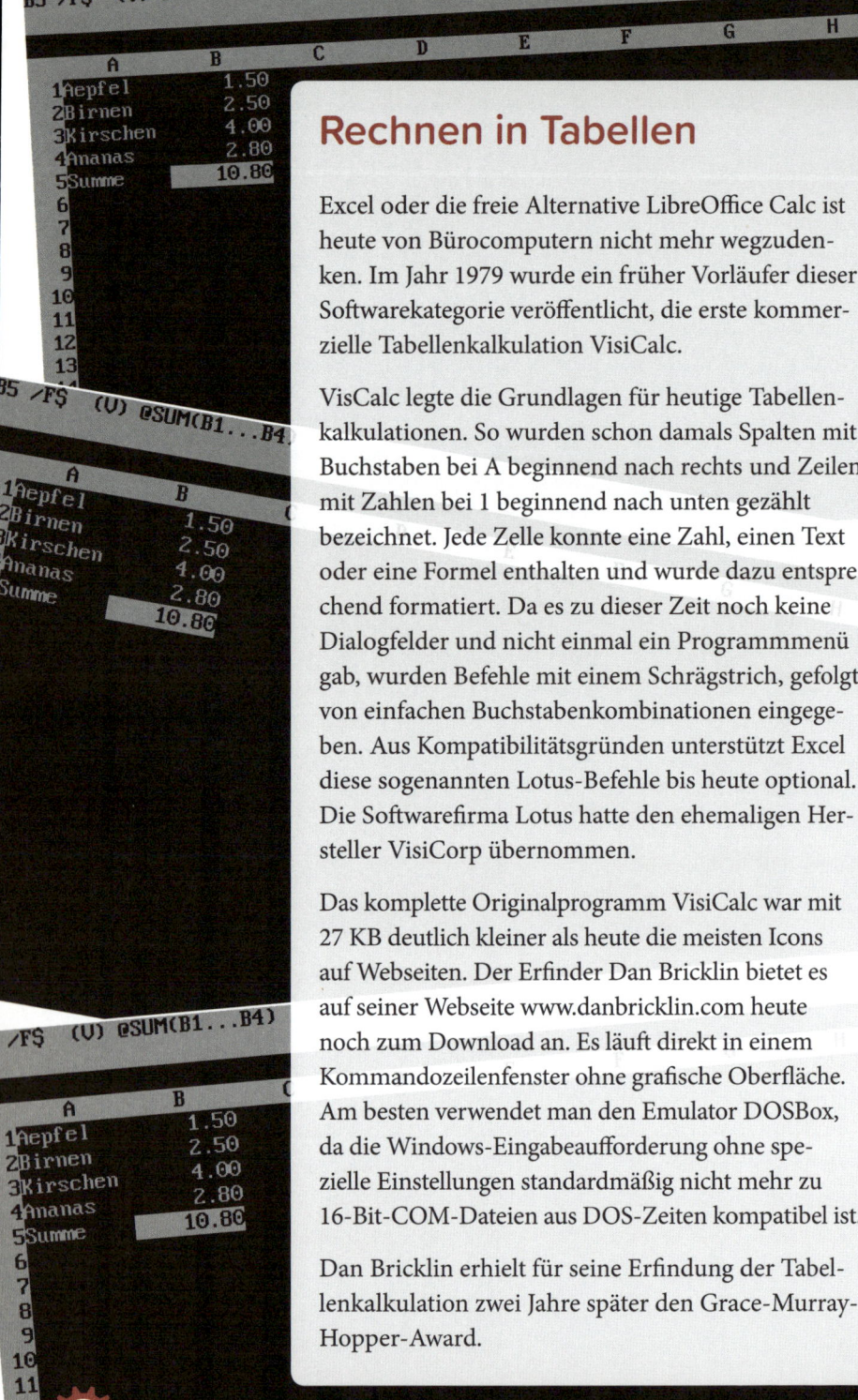

Rechnen in Tabellen

Excel oder die freie Alternative LibreOffice Calc ist heute von Bürocomputern nicht mehr wegzudenken. Im Jahr 1979 wurde ein früher Vorläufer dieser Softwarekategorie veröffentlicht, die erste kommerzielle Tabellenkalkulation VisiCalc.

VisCalc legte die Grundlagen für heutige Tabellenkalkulationen. So wurden schon damals Spalten mit Buchstaben bei A beginnend nach rechts und Zeilen mit Zahlen bei 1 beginnend nach unten gezählt bezeichnet. Jede Zelle konnte eine Zahl, einen Text oder eine Formel enthalten und wurde dazu entsprechend formatiert. Da es zu dieser Zeit noch keine Dialogfelder und nicht einmal ein Programmmenü gab, wurden Befehle mit einem Schrägstrich, gefolgt von einfachen Buchstabenkombinationen eingegeben. Aus Kompatibilitätsgründen unterstützt Excel diese sogenannten Lotus-Befehle bis heute optional. Die Softwarefirma Lotus hatte den ehemaligen Hersteller VisiCorp übernommen.

Das komplette Originalprogramm VisiCalc war mit 27 KB deutlich kleiner als heute die meisten Icons auf Webseiten. Der Erfinder Dan Bricklin bietet es auf seiner Webseite www.danbricklin.com heute noch zum Download an. Es läuft direkt in einem Kommandozeilenfenster ohne grafische Oberfläche. Am besten verwendet man den Emulator DOSBox, da die Windows-Eingabeaufforderung ohne spezielle Einstellungen standardmäßig nicht mehr zu 16-Bit-COM-Dateien aus DOS-Zeiten kompatibel ist.

Dan Bricklin erhielt für seine Erfindung der Tabellenkalkulation zwei Jahre später den Grace-Murray-Hopper-Award.

Fernsehturm ohne Fernsehen

Bis weit in die 1990er-Jahre sendete der im Jahr 1979 in Betrieb genommene Frankfurter Fernsehturm kein Fernsehsignal, sondern wurde ausschließlich für Radiosender und später Mobilfunk genutzt. Daher heißt der Turm im Stadtteil Ginnheim auch offiziell Europaturm oder im Volksmund »Ginnheimer Spargel«. Im Frankfurter Stadtplan und auf frankfurt.de wird aber die wesentlich bekanntere Bezeichnung »Fernsehturm« verwendet, die 25 Jahre nach Eröffnung und seit Einführung des Digitalfernsehens DVB-T im Jahr 2004 auch zutrifft.

Bei der Einweihung 1979 war der Turm mit seinen 337,5 Metern der höchste Fernmeldeturm der Bundesrepublik Deutschland. Der Berliner Fernsehturm am Alexanderplatz mit 368 Metern gehörte damals zur DDR. Gemessen an der eigentlichen Bausubstanz ohne Antenne, ist der Frankfurter Turm sogar ein paar Meter höher als der in Berlin. Auch die Kanzel auf 227 Höhe, in deren Restaurant man bis 1999 einen weiten Blick über das Rhein-Main-Gebiet genießen konnte, bis sie wegen neuer Brandschutzvorschriften geschlossen wurde, liegt etwa 20 Meter höher als das Turmrestaurant Telecafé in Berlin.

Hochhäuser – höher, größer, besser

1979 wurden weltweit einige architektonisch bedeutsame, über 100 Meter hohe Hochhäuser eröffnet:

Shinjuku Center, Nishi-Shinjuku, Japan, ist mit 223 Metern und 54 Stockwerken das höchste im Jahr 1979 eröffnete Hochhaus. Das Gebäude tauchte 1984 im Film »Godzilla – Die Rückkehr des Monsters« auf.

CityPlex Towsers, Tulsa, Oklahoma, mit 197 Metern und 60 Stockwerken zurzeit auf Platz 2 der höchsten Gebäude in Tulsa und auf Platz 3 im Staat Oklahoma. Der Gebäudekomplex aus drei Hochhäusern wurde 1979 von der Oral Roberts University als Krankenhaus gebaut und wird heute zu großen Teilen als Büro verwendet.

Citigroup Center, Los Angeles, mit 191 Metern und 48 Stockwerken zurzeit auf Platz 13 der höchsten Gebäude in Los Angeles und auf Platz 17 der höchsten Gebäude in Kalifornien. Bei der Fertigstellung 1979 als Wells Fargo Bank, 444 Plaza Building, war es noch auf Platz 5. Es wurde 1996 als Set für den Actionfilm Skyscraper genutzt.

Royal Bank Plaza, Toronto, der Südturm des Komplexes steht mit 180 Metern und 41 Stockwerken auf Platz 20 der höchsten Gebäude in Toronto und beherbergt die Zentrale der Royal Bank of Canada.

Shaklee Terraces, San Francisco, geplant vom renommierten Büro Skidmore, Owings & Merrill, das viele Jahre später mit dem Burj Khalifa das aktuell höchste Gebäude der Welt baute, steht mit 164 Metern und

38 Stockwerken heute auf Platz 17 der höchsten Gebäude in Los Angeles und auf Platz 31 der höchsten Gebäude in Kalifornien.

Oxford Tower, Warschau, ist mit 42 Stockwerken und 150 Metern Höhe auf Platz 11 der höchsten Gebäude in Warschau. Bei seiner Eröffnung war es nach dem Kulturpalast das zweithöchste Hochhaus der Stadt.

Torre Windsor, Madrid, war mit 106 Metern auf Platz 11 der höchsten Gebäude in Madrid. Das Bürohaus brannte im Jahr 2005 beim schwersten Brand in der Geschichte Madrids komplett aus und stürzte dabei teilweise ein. Kurz danach wurde es komplett abgerissen.

Das Sumitomo Life Nagoya Building beherbergt auf 25 Stockwerken und 102 Metern Höhe Büros einer großen japanischen Versicherung.

Das Hotel Rodina in Sofia, Bulgarien, mit 25 Stockwerken und 104 Metern sowie das Hotel Cosmos in Chișinău, Moldawien, mit 22 Stockwerken, die beide im Jahr 1979 fertiggestellt wurden, sind bis heute die höchsten Hochhäuser in diesen Ländern. Das ebenfalls 1979 eröffnete Tirana International Hotel in Albanien mit 15 Stockwerken musste seinen Höhenrekord später an den neun Stockwerke höheren TID Tower abtreten.

Satellitentelefon Inmarsat

Lange bevor jeder mit einem Handy herumlief, wurde 1979 die International Maritime Satellite Organization (Inmarsat) gegründet mit dem Ziel, ein satellitengestütztes Mobilfunknetz für die internationale Schifffahrt aufzubauen. Die Gründung wurde durch die Internationale Seeschifffahrts-Organisation (IMO), eine Unterorganisation der Vereinten Nationen, vorangebracht. Erst 20 Jahre später wurde Inmarsat, heute einer der bekanntesten Anbieter von Satellitentelefonie, privatisiert.

Das heutige Unternehmen betreibt neben dem Telefonnetz für die Seeschifffahrt auch Notfunkbaken und satellitengestützte Datenfunkdienste, die nicht nur Schiffe auf hoher See, sondern auch Katastrophengebiete auf der Erde erreichen, die nicht mit herkömmlichen Mobilfunknetzen versorgt sind.

Ziel der Organisation war die »Verbesserung der Seenot- und Sicherheitsfunkverbindungen zum Schutz des menschlichen Lebens auf See, der Leistungsfähigkeit und des Einsatzes der Schiffe, der öffentlichen Seefunkdienste und der Funkortungsmöglichkeiten«. Dazu baute die Organisation zunächst auf Basis angemieteter Satelliten, später mit eigenen ein satellitengestütztes Funktelefonnetz auf. Inmarsat verwendet heute ein Netz von geostationären Satelliten. Für 2019 und 2020 sind weitere Starts geplant.

Spektakuläre Flucht

In der Nacht zum 16. September 1979 gelang zwei Familien aus der DDR mit einem selbst gebauten Heißluftballon die spektakuläre Ballonflucht über die innerdeutsche Grenze von Oberlemnitz (Thüringen) nach Naila (Bayern).

Die 1.300 m² große, 28 m hohe und im Durchmesser 20 m breite Ballonhülle – der bis dahin größte Heißluftballon Europas – war heimlich aus Regenmantelstoff zusammengenäht worden, dem einzigen geeigneten Material, das in der DDR mehr oder weniger unauffällig in entsprechender Menge beschafft werden konnte. Der Ballon wurde auf seiner 28 Minuten dauernden Fahrt (Ballone fliegen nicht) auf bis zu 2.500 m Höhe mit vier Propangasflaschen beheizt, die gemeinsam mit den acht Personen auf einer nur etwa 3 m² großen hölzernen Plattform standen.

Weder die DDR-Grenztruppen noch die Luftsicherung der Bundeswehr hatten mit einer derartigen Ballonfahrt gerechnet.

Der Ballon wurde später restauriert und wird voraussichtlich ab Frühjahr 2019 als größtes und spektakulärstes Objekt der Dauerausstellung im neuen Museum der bayerischen Geschichte in Regensburg ausgestellt, nachdem er zuvor einige Jahre im Heimatmuseum in Naila zu besichtigen war.

Die Geschichte wurde inzwischen zweimal verfilmt. Der erste in den USA produzierte Film »Mit dem Wind nach Westen« erschien 1982, der neue in Deutschland produzierte Film »Der Ballon« kam 2018 in die Kinos.

Der erste Walkman

Als Sony am 1. Juli 1979 das Kassettenabspielgerät TPS-L2, den ersten Walkman, herausbrachte, war man sich noch gar nicht bewusst, welche kulturelle Revolution dadurch ausgelöst wurde. Auf einmal war das Musikhören nicht mehr auf das eigene Wohnzimmer oder auf Konzertsäle beschränkt. Schon nach kurzer Zeit liefen Tausende Menschen mit Kopfhörern durch die Großstädte, ohne sich vom Straßenlärm oder anderen Menschen irgendwie beeindrucken zu lassen.

Der erste Walkman war, wie viele Geräte der damaligen Zeit, metallisch blau und hatte nur wenige Tasten. Das Grundprinzip war die Idee eines Sony-Ingenieurs, ein damals bereits verfügbares mobiles Diktiergerät zum Abspielen von Musik umzunutzen. Die ersten Walkmen konnten nicht einmal aufnehmen, sondern nur abspielen, obwohl sie ein Mikrofon besaßen, das über eine sogenannte Hot-Taste aktiviert werden konnte, um Außengeräusche oder die Stimme einer Person auf die Kopfhörer zu übertragen, ohne diese absetzen zu müssen. Da die meisten Kopfhörer damals noch klobige 6,3-mm-Stecker hatten, lieferte Sony Adapter für die kleine 3,5-mm-Walkman-Buchse mit, die sich bald darauf als Standard etablierte.

Musikkassetten waren in den späten 1970ern und auch noch lange danach das einzige alltagstaugliche Speichermedium für Musik. Tonbänder waren teuer und empfindlich, beschreibbare CDs kamen erst deutlich später. Mit dem Walkman entstand auch die erste frühe Form persönlicher Playlisten. Man stellte sich eigene Kassetten mit Lieblingsliedern zusammen, um sie unterwegs zu hören. Da es keine Möglichkeit gab, Daten digital zu kopieren, wurde der Walkman, der nur abspielen konnte, über ein Audiokabel analog mit dem heimischen Kassettenrekorder verbunden. Auf diese Weise ließen sich Lieder von einer Kassette auf eine andere überspielen, den Qualitätsverlust nahm man in Kauf.

In Zeiten, in denen Retro wieder Kult ist und sich ein großer Teil der Internetnutzer schon gar nicht mehr an den Gebrauch von Tonbandkassetten erinnert, tauchen immer wieder Fotos von einer Kassette und einem Bleistift auf. Nur die damalige Walkman-Generation weiß, was gemeint ist. Die sechskantigen Bleistifte passten genau in die Tonbandspulen der Kassette, sodass man damit schnell vor- und zurückspulen konnte, denn das kostete im Walkman teure Batterieleistung. Die Geräte waren, wie fast alles damals, nicht aufladbar. Man musste immer wieder neue Batterien kaufen.

In 31 Jahren Produktionszeit verkaufte Sony 335 Millionen Geräte der verschiedenen Walkman-Serien. Sofort kamen Nachahmer. Fast jede größere Elektronikfirma hatte tragbare Kassettenabspielgeräte im Programm, teilweise mit eingebautem UKW-Radio. Der Name Walkman wurde zur Gattungsbezeichnung, die Namen der Konkurrenzgeräte kannte kaum jemand. In Österreich und Australien wurden Sony sogar die Markenrechte entzogen, da der Begriff zum Wort der Alltagssprache geworden war. In den letzten zehn Jahren sind der Walkman und alle seine Nachfolger – Discman, MiniDisc, MP3-Walkman – völlig verschwunden, man hört Musik ausschließlich auf dem Smartphone. Dass Jugendliche mit Ohrhörern wie ferngesteuert durch Städte laufen oder hypnotisiert in der Bahn sitzen, ist aber geblieben.

Weltraumpannen

Die bemannte Raumfahrt der NASA war Ende der 1970er-Jahre nach der letzten Apollo-Mission völlig zum Erliegen gekommen. In den Jahren 1976 bis zum ersten Spaceshuttle-Start 1981 verließ kein amerikanischer Astronaut die Erde. Trotzdem schrieb die NASA im Jahr 1979 eine Negativschlagzeile.

Skylab außer Kontrolle

Die im Jahr 1973 mit einer aus dem abgebrochenen Mondlande-programm übrig gebliebenen Saturn-V-Rakete gestartete Raumstation Skylab stürzte am 11. Juli 1979 ab – zurück auf die Erde.

Mit der Station hatte es bereits beim Start Probleme gegeben, als das Schutzschild gegen Meteoriten und Wärmestrahlung abriss und dabei eines der beiden Solarpaneele so beschädigte, dass nur noch das andere für den Betrieb der Raumstation zur Verfügung stand, die folglich mit der Hälfte der Energie auskommen musste.

Lediglich drei bemannte Missionen fanden in der Skylab-Station statt, deren Systeme bereits im Jahr nach dem Start weitgehend wieder abgeschaltet wurden. Da die inzwischen als Weltraum-schrott eingestufte Station unkontrollierte Rotationen ausführte, nahm die NASA 1978 Kontakt mit Skylab auf und konnte die Bordsysteme so weit wieder starten, um einen kontrollierten Ab-sturz zu planen. Skylab sank deutlich schneller auf die Erde zu, als ursprünglich angenommen, sodass die Zeit nicht reichte, sie mit einem Spaceshuttle in eine höhere Umlaufbahn zu schieben. Diese standen erst ab 1981 zur Verfügung.

Durch Drehung der Station sollte die Reibung an der Erdatmo-sphäre so genutzt werden, dass Skylab über dem Atlantik oder dem Indischen Ozean ohne Gefährdung bewohnter Gebiete abstürzen konnte. Tatsächlich versetzte die NASA aber während

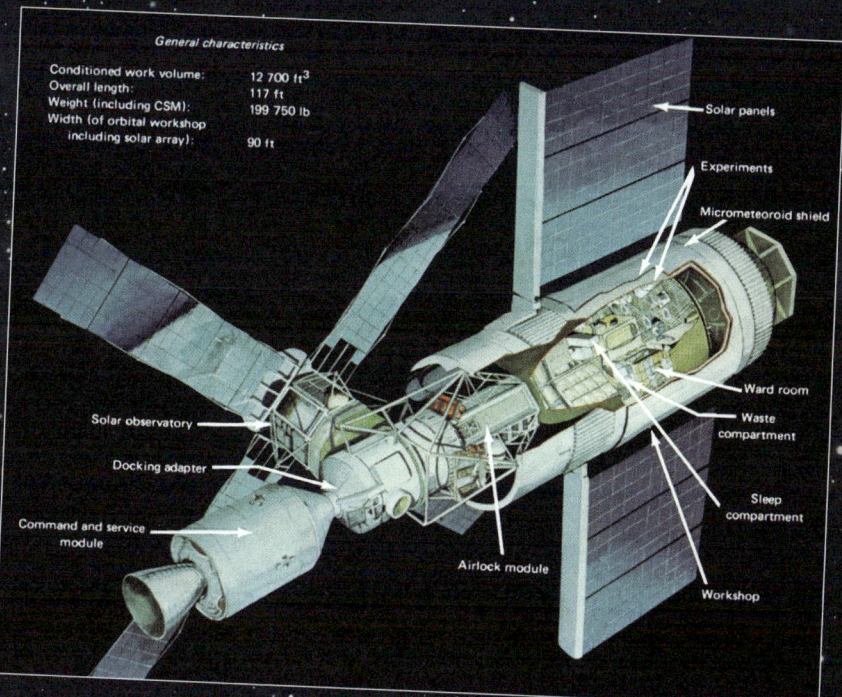

General characteristics

Conditioned work volume: 12 700 ft³
Overall length: 117 ft
Weight (including CSM): 199 750 lb
Width (of orbital workshop
including solar array): 90 ft

Solar panels

Experiments

Micrometeoroid shield

Ward room

Waste compartment

Sleep compartment

Solar observatory

Docking adapter

Command and service module

Airlock module

Workshop

des letzten Erdumlaufs die gesamte Weltbevölkerung in Angst, als sich herausstellte, dass Skylab nicht wie geplant weit oben in der Atmosphäre in mehrere Stücke zerbrach, sondern erst kurz vor dem Auftreffen auf die Erde in der Nähe des australischen Dorfs Balladonia, das dadurch Weltbekannt wurde, ein Trümmerfeld hinterließ. Glücklicherweise wurde niemand verletzt. Ein Teil der Trümmer wurde der NASA zurückgegeben, einige sind im Balladonia Roadhouse ausgestellt.

Nach dem Absturz schickten die Behörden der Gemeinde Esperance Shire, auf deren Gebiet ebenfalls Skylab-Trümmer niedergegangen waren, der NASA einen Bußgeldbescheid über 400 Dollar wegen unerlaubter Abfallentsorgung, den die NASA aber nie bezahlte. Erst 30 Jahre später, im Jahr 2009, zahlte der amerikanische Radiosender Highway Radio diese Rechnung im Rahmen einer Höreraktion.

Kosmonauten verfehlen Raumstation

Die sowjetische Weltraumbehörde schickte im Jahr 1979 drei Sojus-Missionen auf die Reise zur Raumstation Saljut 6, die seit September 1977 um die Erde kreiste. Auch hier war etwas Improvisation gefragt.

Am 25. Februar starteten die Kosmonauten Wladimir Ljachow und Valeri Rjumin als dritte Stammbesatzung mit dem Raumschiff Sojus 32 zur Raumstation, die seit November des Vorjahres leer stand.

Die Stammbesatzung sollte Besuch von Nikolai Nikolajewitsch Rukawischnikow und Georgi Iwanow, dem ersten bulgarischen Kosmonauten, bekommen, die am 10. April mit Sojus 33 gestartet waren. Da die Lebensdauer der Sojus-Kapseln damals auf 90 Tage begrenzt war, sollten die beiden Besucher mit Sojus 32 zurückkehren und ihre Sojus 33 für die Rückkehr der Stammbesatzung an der Raumstation angekuppelt lassen, die zu diesem Zweck zwei Andockstutzen besaß.

Wegen eines Problems mit dem Haupttriebwerk kam es jedoch nicht zur geplanten Kopplung. Die Mission wurde abgebrochen, und Sojus 33 musste nach weniger als zwei Tagen im All in der kasachischen Steppe notlanden.

Da den Kosmonauten auf der Station wegen des vorzeitigen Ablaufs der geplanten Lebensdauer der Sojus-Kapseln kein zuverlässiges Raumschiff für die Rückkehr mehr zur Verfügung stand, startete am 6. Juni das unbemannte Schiff Sojus 34 und koppelte zwei Tage später an der Station an. Daraufhin wurde wenige Tage später Sojus 32 ebenfalls unbemannt zur Erde zurückgeschickt. Die dritte Stammbesatzung der Raumstation Saljut 6 landete am 19. August mit Sojus 34 wohlbehalten auf der Erde und erzielte mit 175 Tagen Aufenthalt im All ungeplant einen neuen Weltrekord.

Europa zieht nach

Am Heiligabend des Jahres 1979 startete die europäische Raumfahrtorganisation ESA vom europäischen Weltraumbahnhof Kourou in Französisch Guyana die erste europäische Trägerrakete Ariane 1 mit einer Technologiekapsel. Die dritte Stufe der Rakete schaltete zwar zu früh ab, was aber kein Problem darstellte, da sie leistungsfähiger war, als ursprünglich geplant, und die Rakete so sogar eine höhere Umlaufbahn erreichte.

Interplanetare Reisen

Trotz der Schwierigkeiten bei der bemannten Raumfahrt konnte die NASA im Jahr 1979 Meilensteine mit unbemannten interplanetaren Missionen setzen.

Die im September 1977 gestartete Raumsonde Voyager 1 flog am 5. März 1979 am Jupiter vorbei und lieferte viele Fotos vom Jupiter und seinen Monden. Voyager 1 gilt als einer der größten Erfolge der unbemannten Raumfahrt, da die Sonde noch im Sommer 2018 regelmäßig Daten zur Erde sendet, und das aus einer Entfernung von über 21 Milliarden km und bei einer Geschwindigkeit von etwa 61.000 km/h von der Erde weg in den interstellaren Raum. Sie wird, wenn alles klappt, in 40.000 Jahren am Stern Gliese 445 vorbeifliegen, allerdings (voraussichtlich) ohne Kommunikation mit der Erde.

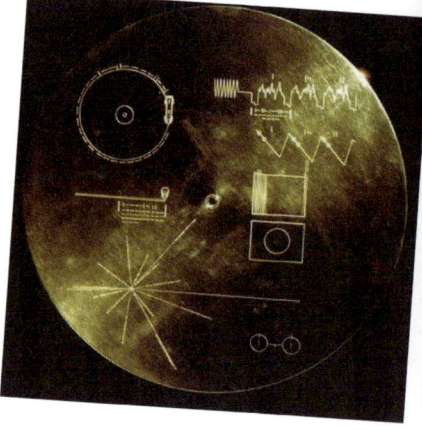

Voyager 1 hat die sogenannte Voyager Golden Record dabei, eine Botschaft an außerirdische Zivilisationen, die die Sonde möglicherweise finden. Auf der mit Gold beschichteten Kupferplatte sind Bilder und Audiodaten über die menschliche Zivilisation gespeichert sowie eine Grafik, die als Bedienungsanleitung dienen soll für den Fall, jemand hätte eine Technologie, mit der sich das antiquierte Aufzeichnungsverfahren lesen ließe.

Übrigens: Der Film »Alien – Das unheimliche Wesen aus einer fremden Welt« kam auch im Jahr 1979 in die Kinos.

Bereits zwei Wochen vor Voyager 1 wurde die weitgehend baugleiche Voyager 2 auf eine andere Flugbahn geschickt. Sie flog, ebenfalls im Jahr 1979, am 9. Juli am Jupiter vorbei und lieferte weitere Fotos vom größten Planeten unseres Sonnensystems und dessen Monden. Auch

diese Sonde ist in den interstellaren Raum unterwegs und wird in etwa 296.000 Jahren in nur 4,3 Lichtjahren Entfernung am Sirius vorbeifliegen, falls sie nicht vorher aufgehalten wird. Auch diese Sonde hat eine Voyager Golden Record dabei.

Die bereits im Jahr 1973 gestartete Raumsonde Pioneer 11 erreichte am 1. September 1979 als erstes von Menschen geschaffenes Objekt den Saturn, flog daran vorbei und sendete etwa 400 Fotos zur Erde, auf denen ein bis dahin unbekannter Saturnring, als F-Ring bezeichnet, entdeckt wurde.

Im Jahr 1995 ging die Kommunikation mit der Erde verloren. Pioneer 11 bewegt sich weiter in den interstellaren Raum. Sie trägt auf der Außenseite die sogenannte Pioneer-Plakette, eine grafische Darstellung zweier Menschen sowie des Sonnensystems mit der Erde, von wo aus die Sonde einst startete. Ob wir jemals eine Nachricht von den Findern erhalten?

Wissen für Nerds

1 Das erste Gluon

Gluonen sind Elementarteilchen, die indirekt für die Anziehung von Protonen und Neutronen in einem Atomkern verantwortlich sind. Ihre Masse liegt theoretisch bei 0 g. Mittlerweile fand man heraus, dass es acht verschiedene Typen von Gluonen gibt, die zwischen Quarks ausgetauscht werden. Gluonen können aber auch direkt mit anderen Gluonen Wechselwirkungen eingehen, sodass sogenannte Glueballs existieren könnten, die nur aus Gluonen bestehen. Im Jahr 1979 fanden Wissenschaftler bei einem Experiment mit dem Teilchenbeschleuniger PETRA in Hamburg die ersten experimentellen Hinweise auf die Existenz eines Gluons, die bisher nur hypothetisch war.

2 Pulverjoghurt

Der Japaner T. O. Yoshimi ließ 1979 das Joghurtpulver patentieren. Bis zur Erfindung des trockenen Pulverjoghurts wurde Joghurt immer aus feuchten Joghurtkulturen hergestellt. Am einfachsten war es, eine kleine Menge Joghurt in vorgewärmte Milch zu mischen.

3 Kunstblut

In Gruselfilmen wird schon lange künstliches Blut eingesetzt, seit 1979 auch in der Medizin. Der Japaner Ryochi Nalto verwendete erstmals bei einer Operation synthetisch hergestelltes Menschenblut.

4 Höchster Holzturm fällt

Der ehemalige hölzerne Antennenturm des Mittelwellensenders Golm – ein Stadtteil von Potsdam – war mit etwa 100 Metern der höchste Holzturm der DDR. Nachdem er bereits einige Zeit vorher durch zwei stählerne Masten ersetzt worden war, wurde der Turm am 25. Oktober 1979 wegen Baufälligkeit gesprengt.

5 Grace Murray Hopper Award für Steve Wozniak

Steve Wozniak, einer der beiden Apple-Gründer – der andere war Steve Jobs –, erhielt im Jahr 1979 für die Entwicklung der ersten Apple-Computer den »Grace Murray Hopper Award«, eine wichtige Auszeichnung für Computerexperten, die zum Zeitpunkt der gewürdigten technischen Leistung nicht älter als 35 Jahre alt sind.

6 Staatliche UFO-Forschung in Uruguay

Am 7. August 1979 wurde die Comisión Receptora e Investigadora de Denuncias de Objetos Voladores No Identificados (CRIDOVNI), auf Deutsch Kommission für die Entgegennahme und Untersuchung von Berichten über unidentifizierte fliegende Objekte, als Unterabteilung der Luftwaffe von Uruguay gegründet, nachdem in den Monaten und Jahren zuvor zahlreiche UFO-Sichtungen in Uruguay gemeldet worden waren. Im Jahr 2012 berichtete die Kommission von etwa 2.200 Fällen, die seit der Gründung bearbeitet worden seien. Die meisten ließen sich konventionell erklären, 40 werden als echte UFO-Fälle eingestuft.

Viel Neues bei der Bahn

Die Deutsche Bundesbahn fuhr noch bis weit in die 1970er-Jahre die meisten Züge mit Altbaulokomotiven und Wagen der Nachkriegszeit. 1979 erfolgten technische Quantensprünge, die sich bis heute auswirken.

DB-Baureihe 120

Während bis dahin alle neuen DB-Lokomotiven lediglich Verbesserungen bestehender Baureihen waren, ging die 1979 erstmals in Betrieb genommene Baureihe 120 komplett neue Wege. Die weltweit erste in Serie gebaute Hochleistungslokomotive mit Drehstromantriebstechnik wurde die technische Grundlage für die ICE-Triebköpfe und alle späteren Elektrolokomotiven. Das neue, kantige Design setzte Maßstäbe für mehrere Baureihen von Triebwagen sowie die Steuerwagen der im selben Jahr vorgestellten S-Bahn-Wendezüge.

Die Lokomotive 120 002 stellte mit 231 km/h zwischen Celle und Uelzen einen neuen Weltrekord für Drehstromfahrzeuge auf. Einige Jahre später erreichte die 120 001 mit einem Sonderzug sogar 265 km/h.

Lokomotiven der Baureihe 120 zogen jahrelang die meisten Züge des neuen IC-'79-Intercity-Netzes und nachts oft auch schnelle Güterzüge. Noch heute sind sie häufig vor IC-Ersatzzügen für ausgefallene ICEs zu sehen. Nur in Süddeutschland gibt es noch ein paar IC-Umläufe, die planmäßig mit der 120 gefahren werden. Einige Lokomotiven werden inzwischen für den Hanse-Express, eine schnelle Regionalexpress-Linie zwischen Hamburg und Rostock, eingesetzt.

IC '79

Unter der Marke IC '79 startete die Deutsche Bundesbahn zum Beginn des Sommerfahrplans am 27. Mai 1979 mit dem Werbespruch »Jede Stunde, jede Klasse« den zweiklassigen Intercity. Bis dahin hatten die Prestigezüge der DB nur die erste Klasse. Nach dem Motto »Nur die Straßenbahn fährt öfter« wurde auf den meisten Linien ein Taktfahrplan im Stundentakt eingeführt, der die unübersichtlichen früheren Fahrpläne fast landesweit ersetzte. Immer mehr Strecken wurden auf eine Höchstgeschwindigkeit von 200 km/h ausgebaut, und man verzichtete auf die früher üblichen Gepäckwagen, Bahnpostwagen sowie Kurswagen, die mit erheblichem Zeitaufwand an- und abgekuppelt werden mussten. Auf allen IC-Bahnsteigen wurden in diesem Jahr die großen Buchstaben im Abstand von zwei Wagenlängen zur Kennzeichnung der Bahnsteigabschnitte eingeführt, die das Auffinden eines bestimmten Wagens mithilfe der Wagenstandanzeiger vereinfachten und so zu einer Verkürzung der Haltezeiten beitrugen.

An den wichtigsten Umsteigebahnhöfen im IC-Netz – Hannover, Dortmund, Köln, Mannheim und Würzburg – wurden die ersten Korrespondenzhalte eingeführt, bei denen sich zwei Züge verschiedener Linien am selben Bahnsteig gegenüberstanden. Damit die Fahrgäste in beide Richtungen bequem umsteigen konnten, waren die Züge so gereiht, dass sich erste und zweite Klasse jeweils gegenüberlagen. Mit dem IC-'79 führte die Bahn erstmals die strikte Trennung von Wagen der ersten und der zweiten Klasse mit dazwischenliegendem Speisewagen ein. Dieses Zweiklassenzugkonzept war bereits zwei Jahre vorher auf der IC-Linie Bremen – München getestet worden und wird heute in den ICE-Zügen genutzt. Gleichzeitig lackierte die Bahn ihre Wagen in einem neuen Farbschema. Die erste Klasse behielt die von früheren TEE-Zügen bekannte creme-rote Lackierung. Zweite-Klasse-Wagen erhielten im Fensterbereich den gleichen Cremeton, das Rot wurde aber durch eine Ozeanblau genannte türkisgrüne Farbe ersetzt.

Die wegen ihres extravaganten Aussehens als Donald Duck bezeichnete IC-Triebzug-Baureihe 403, die ausschließlich Erste-Klasse-Wagen hatte, wurde, wie auch die ehemaligen TEE-Triebwagen der Baureihe 601, im Jahr 1979 aus dem Regelbetrieb genommen.

x-Wagen für die S-Bahn

In den 1970er-Jahren setzte die Deutsche Bundesbahn in allen S-Bahn-Netzen außer denen in Hamburg die sogenannten Olympia-Triebwagen der Baureihe 420 ein, die nie für ihren Komfort berühmt waren. Für die langen Strecken der S-Bahn im Ruhrgebiet wurden 1979 die neuen

x-Wagen ausgeliefert, die ersten S-Bahn-Züge, die man in ganzer Länge durchgehen konnte und die auch Toiletten besaßen. Orangefarbene Ledersitze im Stil der 1970er boten auf längeren Verbindungen mehr Sitzkomfort als die Kunststoffsitze der bisherigen Baureihen. Noch bis nach der Jahrtausendwende bildeten diese x-Wagen-Züge das Rückgrat der S-Bahn Rhein-Ruhr. Heute fahren sie dort zu Spitzenzeiten oder bei Kapazitätsengpässen zu Fußballspielen und anderen Großveranstaltungen weiterhin als Verstärkerzüge. Nur die S-Bahn Nürnberg setzt noch planmäßig x-Wagen ein.

Transrapid – die Bahn ohne Räder

Nachdem im Jahr 1979 der sogenannte Systementscheid des Bundes-
ministeriums für Forschung und Technologie zur Förderung elektro-
dynamischer Schwebesysteme wirksam geworden war, begann das
Konsortium Magnetbahn Transrapid mit der Planung der Transrapid-
Versuchsanlage. Auf der Internationalen Verkehrsausstellung 1979
in Hamburg präsentierte das Firmenkonsortium aus Krauss-Maffei,
Messerschmitt-Bölkow-Blohm und Thyssen Henschel die weltweit erste
für den Personenverkehr zugelassene Magnetbahn, den Transrapid 05,
der heute im Technik-Museum Kassel zu bewundern ist.

Bereits vier Jahre später schwebte der erste Zug über die 31,5 km lange Teststrecke im Emsland. In Deutschland gab es nach dem Erfolg der Versuchsanlage verschiedene Planungen für Transrapid-Strecken. So sollten unter anderem Hamburg und Berlin mit bis zu 500 km/h verbunden werden.

Die erste und bisher einzige kommerziell genutzte Magnetbahn nach dem Transrapid-Prinzip verbindet Shanghai mit dem etwa 30 km entfernten Flughafen Pudong. Im November 2003 erzielte der Transrapid auf dieser Strecke einen Geschwindigkeitsrekord von 501 km/h. Seit Anfang 2004 fährt das fahrplanmäßig schnellste spurgebundene Fahrzeug der Welt dort im Regelbetrieb.

In Deutschland scheiterte die innovative Technik letztlich an politischen Unstimmigkeiten, was dazu führte, dass die Betreiberfirma Transrapid International im Jahr 2008 aufgelöst wurde. Auf dem Gelände der Transrapid-Teststrecke soll ein Zentrum für Elektromobilität eingerichtet werden. Weiterhin gibt es Planungen für ein Museum, das der Nachwelt diesen Aspekt der deutschen Technikgeschichte erhalten wird.

O-Bahn – Spurbus

Der auf der Internationalen Verkehrsausstellung 1979 in Hamburg vorgestellte Spurbus sollte die Vorteile von Bahnen und Bussen kombinieren und wurde daher anfangs auch als O-Bahn (Omnibus-Bahn), von Kritikern auch als Straßenbahn mit Gummireifen, bezeichnet.

Die umgebauten Linienbusse besitzen neben den Rädern horizontal laufende Spurführungsrollen, die sie auf einer Betonfahrbahn mit seitlich angebrachten Spurführungsbalken automatisch lenken. Die Busspuren benötigen weniger Platz als eine klassische Fahrbahn oder Busspur auf einer Straße und ermöglichen eine höhere Taktdichte bei vollständiger Unabhängigkeit vom übrigen Straßenverkehr. In Stadtrandgebieten können die Busse die Spur verlassen und wie herkömmliche Linienbusse auf der Straße weiterfahren.

Nach dem Testbetrieb auf der Internationalen Verkehrsausstellung wurde im folgenden Jahr 1980 die erste Spurbuslinie in Essen eröffnet.

1 Popeye Village Malta

Die im Jahr 1979 erbaute Filmkulisse von »Popeye – Der Seemann mit dem harten Schlag« auf Malta ist bis heute ein beliebter Freizeitpark, obwohl sie zwischenzeitlich zweimal abbrannte und wieder aufgebaut wurde.

2 Kleine Nienburgerin

Hinter dem Posthof in Nienburg/Weser wurde am 5. Mai 1979 die Bronzeskulptur »Kleine Nienburgerin« feierlich enthüllt. Das junge Mädchen gibt immer wieder Anlass zu Späßen: Im Winter trägt sie häufig eine Wollmütze oder Handschuhe, und nach so mancher Partynacht erwacht die halb nackte Figur morgens mit einem BH bekleidet.

3 Musik mit Heckenscheren, Gartenschlauch und Mausefallen

Die Schweizer Band Pfuri, Gorps & Kniri vertraten zusammen mit der etwas bekannteren Gruppe Peter, Sue & Marc im Jahr 1979 die Schweiz beim Grand Prix Eurovision de la Chanson in Jerusalem, wie der heutige Eurovision Song Contest damals hieß. Das Lied »Trödler & Co.«, das mit Gießkannen, Heckenscheren, Mausefallen und anderen technischen Alltagsgegenständen akustisch untermalt wurde, erreichte Platz 10. Deutschland schaffte mit Dschinghis Khan Platz 4.

4 Sonate für Hund und Klavier

1979 veröffentliche der amerikanische Komponist Kirk Nurock eine Sonate, in der ein Klavierspieler Klavier spielt und ein Hund dazu heult – ganze 20 Minuten lang.

Cartoonmuseum Basel

5

Das 1979 von dem Basler Mäzen Dieter Burckhardt gegründete Cartoonmuseum Basel gilt mit rund 3.000 Originalwerken als eines der wichtigsten Museen zu Cartoons und Karikaturen in Europa.

Titanic

6

Im November 1979 erschien die Erstausgabe des Satiremagazins Titanic.

McArthur's Universal Corrective Map of the World

7

Da er sich an der benachteiligten Lage seines Heimatlands auf klassischen Weltkarten störte, veröffentlichte der Australier Stuart McArthur im Jahr 1979 eine eigene Weltkarte, bei der Süden oben und Norden unten ist. Australien liegt in der Mitte. Diese Art der Projektion ist keineswegs falsch, da sie wie jede Weltkarte die Erdkugel auf eine Fläche projiziert – sie konnte sich nur nicht durchsetzen.

Fake News – schon vor 40 Jahren

8

Das Thema Fake News ist nicht wirklich neu. Im Jahr 1979 erschien erstmals die Zeitschrift Weekley World News mit dem Untertitel »The World's only reliable Newspaper« (Die einzige vertrauenswürdige Zeitung der Welt), die ausschließlich frei erfundene Nachrichten veröffentlichte. Nachdem die bekannte Boulevardzeitschrift National Enquirer ab 1979 in Farbe erschien, entschied sich der Verlag, die frei gewordenen Schwarz-Weiß-Druckmaschinen für ein neuartiges Magazin zu verwenden.

Von der Kirmes zum Rathaus

Der Platz, auf dem das im Jahr 1979 eröffnete Rathaus steht, in dem bis heute die Stadt Essen verwaltet wird, war bis in die frühen 1970er-Jahre ein Kirmesplatz.

Das Essener Rathaus gehört mit seinem y-förmigen Grundriss zu den markantesten Hochhausbauten des 20. Jahrhunderts in Deutschland. In der 22. Etage der Behörde befand sich in der Anfangszeit ein Aussichtspunkt mit Blick über das Ruhrgebiet aus etwa 100 Metern Höhe, der mittlerweile nicht mehr öffentlich zugänglich ist. Das Rathaus in Leipzig überragt mit 114 Metern das »nur« 106 Meter hohe Essener Rathaus, allerdings ist der höchste Punkt in Leipzig nur ein Turm, die Essener Stadtväter können sich des höchsten Rathausbüros in Deutschland rühmen.

Zeitgleich mit dem Rathausneubau wurde im Jahr 1979 das Einkaufszentrum City Center Essen, die heutige Rathaus Galerie, eröffnet. Im Grundstein des Rathauses liegt eine von einem Computer ausgedruckte Urkunde, innovativ zur damaligen Zeit, als man solche Dokumente noch mit Schreibmaschine oder gar per Hand schrieb.

Erst genau 40 Jahre nach der Eröffnung, zum Fahrplanwechsel im Jahr 2009, wurde die unterirdische Straßenbahnhaltestelle vor dem Gebäude von Porscheplatz in Rathaus Essen umbenannt. Auch damals tickten Verwaltungsbehörden nicht so schnell.

Kassettenrekorder für Profis

Die bereits 1963 vorgestellten Musikkassetten waren in den späten 1970ern allgegenwärtig und wurden sogar als Datenspeicher für frühe Heimcomputer verwendet.

Im selben Jahr wie Walkman, der seinen Nutzern eher Lebensqualität als Klangqualität brachte, erschien das TEAC Portastudio, der erste Vierspurkassettenrekorder für Musikprofis. Jede klassische Tonbandkassette hatte ja bereits vier Spuren. Zwei Spuren brauchte man für eine Stereoaufnahme, und drehte man die Kassette im Laufwerk um, standen auf der anderen Hälfte des Bands wieder zwei Spuren zur Verfügung. Die wesentliche Neuerung bestand in den Magnetköpfen, die alle vier Spuren einer Kassette unabhängig lesen oder beschreiben konnten. Vierspurkassetten können natürlich nur in einer Richtung genutzt werden.

Preise und Auszeichnungen in der Wissenschaft

Im Jahr 1979 wurden Nobelpreise in den klassischen Kategorien Physik, Chemie, Medizin und Literatur sowie der Friedensnobelpreis vergeben – außerdem der relativ junge Alfred-Nobel-Gedächtnispreis für Wirtschaftswissenschaften, der erst zehn Jahre zuvor, 1969, eingeführt worden war. Dieser Preis wird nicht von der Nobel-Stiftung, sondern von der Schwedischen Reichsbank gestiftet.

1 Nobelpreis für Chemie

Herbert Charles Brown und Georg Wittig für ihre Entwicklung von Bor- beziehungsweise Phosphorverbindungen in wichtigen Reagenzien innerhalb organischer Synthesen.

2 Nobelpreis für Physik

Sheldon Glashow, Abdus Salam und Steven Weinberg für ihre Beiträge zur Theorie der vereinigten schwachen und elektromagnetischen Wechselwirkung zwischen Elementarteilchen, einschließlich unter anderem der Voraussage der schwachen neutralen Ströme.

3 Nobelpreis für Medizin

Allan McLeod Cormack und Godfrey Newbold Hounsfield für ihre Entwicklung der Computertomografie.

4 Nobelpreis für Literatur

Odysseas Elytis für seine Poesie, die, auf der griechischen Tradition fußend, mit sinnlicher Kraft und intellektueller Klarsicht den Kampf eines modernen Menschen für die Freiheit gestaltet.

5 Friedensnobelpreis

Mutter Teresa, Gründerin des Ordens »Missionarinnen der Nächsten-liebe«, ist bis heute eine der bekanntesten Trägerinnen des Friedens-nobelpreises. Sie wurde am 4. September 2016 von Papst Franziskus heiliggesprochen.

Alfred-Nobel-Gedächtnispreis für Wirtschafts-wissenschaften

Theodore Schultz und William Arthur Lewis für ihre bahnbrechen-den Arbeiten in der Erforschung der wirtschaftlichen Entwicklung unter besonderer Berücksichtigung der Probleme der Entwicklungs-länder.

Lucasischer Lehrstuhl geht an Stephen Hawking

Traditionell gelten die jährlich vergebenen Nobelpreise als wichtigste Auszeichnungen für Wissenschaftler. Eine ähnlich große Ehre, die nicht jedes Jahr neu vergeben wird, ist der Ruf als Universitätsprofes-sor auf den Lucasischen Lehrstuhl für Mathematik an der Universität Cambridge, der prestigeträchtigste Lehrstuhl der Welt, der schon mit Isaac Newton und anderen weltbekannten Mathematikern und Physikern besetzt war. Im Jahr 1979 wurde der Lucasische Lehrstuhl mit dem bekannten Astrophysiker Stephen Hawking besetzt, der ihn 30 Jahre lang innehatte.

Hawking, der aufgrund einer degenerativen ALS-Erkrankung auf einen Rollstuhl angewiesen war und nur mithilfe eines Sprachcompu-ters sprechen konnte, war dreizehnfacher Ehrendoktor und bis jetzt die einzige Person, die in einer Folge der Science-Fiction-Serie Star Trek sich selbst spielte und in einer Holodecksimulation gegen Data, Isaac Newton und Albert Einstein beim Pokern gewinnt. Während einer Besichtigung der Kulisse des Warpkerns der Enterprise – das ist der Antrieb, der das Raumschiff auf Überlichtgeschwindigkeit bringt – soll er gesagt haben: »Ich arbeite daran.«

Computer der ersten Generation

Computer wurden langsam erwachsen. Inzwischen hatte jeder davon gehört, die ersten Privatleute hatten auch schon einen zu Hause stehen, Firmen überlegten nicht mehr, ob, sondern wie sie die Umstellung ihrer Arbeitsweise in das kommende Computerzeitalter bewerkstelligen sollten.

Atari 400 und 800

Die Firma Atari war bis dahin als Hersteller einfacher Telespiele bekannt. Im Jahr 1979 brachte sie ihre ersten beiden programmierbaren Heimcomputer Atari 400 und Atari 800 auf den Markt, die bis heute als wichtige Meilensteine in der Computergeschichte gelten.

Beide Modelle hatten erstmals vier Joystick-Anschlüsse und legten damit den Grundstein für Multiplayer-Spiele. Dass heute jeder seinen eigenen Computer zum Spielen verwendet und Computer weltweit vernetzt sind, war in den späten 1970er-Jahren noch undenkbar.

Völlig neu war der verbaute Grafikchip ANTIC, entwickelt von Jay Miner, der später auch die Chips des Amiga entwarf. Dieser Chip verfügte über verschiedene Videomodi, die zeilenweise parallel auf dem Bildschirm verwendet werden konnten. Er konnte unabhängig vom Prozessor auf den 8 KB großen Arbeitsspeicher – später erweiterbar – zugreifen. Damit war das Grundprinzip heutiger Grafikkarten erfunden. Direkt auf dem Grafikchip konnten Sprites programmiert werden, sich schnell bewegende Objekte in Computerspielen – auch eine Technologie aus dem Jahr 1979, die heute noch in Computerspielen Anwendung findet. Im Gegensatz zu anderen Heimcomputern dieser Zeit war die üblicherweise verwendete Programmiersprache BASIC nicht im ROM vorinstalliert, sondern musste über ein Steckmodul nachgerüstet werden, um wertvollen Speicherplatz zu sparen.

Der mit einem Einstiegspreis von 2.995 D-Mark fast doppelt so teure Atari 800 unterschied sich im Wesentlichen durch einen größeren

Arbeitsspeicher und eine echte Schreibmaschinentastatur, wogegen der Atari 400 nur eine höchst unergonomische Folientastatur besaß.

TRS-80 Modell II

Der US-amerikanische Elektronikkonzern Radio Shack hatte bereits zwei Jahre zuvor mit dem Tandy TRS-80 Modell I den ersten wirklich erfolgreichen Heimcomputer auf den Markt gebracht, übrigens auch mein erster eigener Computer, für den ich mehr Geld ausgegeben habe als heute für die meisten PCs.

1979 brachte Radio Shack das TRS-80 Modell II heraus, zum Modell I nicht kompatibel – das Wort Kompatibilität war damals noch gar nicht erfunden. Modell II richtet sich gezielt an geschäftliche Anwender und war mit bis zu 64 KB RAM seiner Zeit weit voraus. Das Design war den damals üblichen Terminals für Großcomputer nachempfunden. Es handelte sich aber um einen völlig eigenständigen PC mit einem eingebauten 8-Zoll-Diskettenlaufwerk, damals bei Bürocomputern sehr verbreitet, obwohl die 5,25-Zoll-Diskette bereits erfunden war. Im Heimcomputerbereich war aber immer noch die Speicherung auf

Tonbandkassetten Standard. Dieser erste Floppy-Disk-Standard hielt sich bei der Deutschen Bundesbahn und der Bundeswehr noch bis in die 1990er-Jahre. Jede Diskette fasste bis zu 500 KB Daten. Mit einer zusätzlich erhältlichen Erweiterungsbox mit drei Laufwerken kam man auf die gigantische Speicherkapazität von 2 MB. Der Begriff Megabyte war damals noch kaum geläufig.

Apple II+

Der 1979 erschienene Apple II+ war der erste Apple-Computer, der in einer europäischen Version mit 220 V Netzspannung und 50 Hertz geliefert wurde. Für den Anschluss an die hierzulande üblichen Fernsehmonitore mit dem PAL-System brauchte man noch eine eigene Steckkarte. Standardmäßig unterstützte der Apple II+ nur das einfachere amerikanische NTSC-System. 48 KB RAM und ein gleitkommafähiges BASIC zur Programmierung waren die wichtigsten Unterschiede zum Vorgänger. Durch Austausch eines ROM-Chips waren erstmals bei Apple Kleinbuchstaben und Umlaute möglich.

Lisp-Maschinen

Im Zusammenhang mit der Programmiersprache LISP wurden sogenannte Lisp-Maschinen entwickelt – Computer, die speziell für Aufga-
ben im Bereich der Künstlichen Intelligenz (KI) optimiert waren. Der
Computerpionier Richard Greenblatt, unter anderem Entwickler eines
der ersten Schachprogramme, gründete 1979 die Firma Lisp Machines
Inc. zur Entwicklung von Lisp-Maschinen. Völlig im Gegensatz zum damaligen Zeitgeist, als man bei Firmengründungen ausschließlich an den
zu erwartenden Profit dachte, sollte Lisp Machines Inc. der Hackerethik
des MIT AI Labs entsprechen und ohne Risikokapital auskommen.
Greenblatts ehemaliger Mitstreiter Russell Noftsker gründete im selben
Jahr 1979 die Firma Symbolics Inc., die sich ebenfalls mit der Entwicklung und dem Vertrieb von Lisp-Maschinen befasste.

Der Prozessorwettstreit

Dass eine Entscheidung aus dem Jahr 1979 die gesamte Computerentwicklung bis heute nachhaltig beeinflussen sollte, konnte damals niemand absehen.

In diesem Jahr stellten zwei Firmen neuartige Mikroprozessoren vor. Der Intel 8088 war eine leicht vereinfachte Version des 8086. Erstmals brachte Intel Prozessoren in etwas reduzierten Versionen zu einem deutlich günstigeren Preis auf den Markt, was sich später in den SX- und Celeron-Prozessoren erfolgreich fortsetzte. Im selben Jahr erschien der Motorola 68000, einer der geschichtsträchtigsten Prozessoren überhaupt, mit einer gänzlich anderen Architektur und einem nicht vergleichbaren Befehlssatz.

IBM, der erste Hersteller von PCs, setzte den Intel 8088 ein, was zu einem Riesenerfolg für Intel wurde, die bis heute moderne Nachfolger dieses Prozessortyps an fast alle PC-Hersteller weltweit liefern. Die Entwicklung von DOS und später Windows ging Hand in Hand mit der Weiterentwicklung dieser Prozessoren.

Auf der anderen Seite setzten die großen Hersteller professioneller Unix-Workstations, Apollo, HP, Sun, DEC und Silicon Graphics, auf den 68000. In den 1980ern wurde er in Home-Computern, die nicht auf DOS-Basis arbeiteten, verwendet – wie Amiga, Atari ST, Sinclair QL. Auch Apple entwickelte seine neuen grafischen Oberflächen für die Lisa und später den Mac wegen der besonderen Eigenschaften des 68000-Prozessors auf dieser Hardwareplattform. Dagegen tat sich die PC-Industrie mit grafischen Benutzeroberflächen auf Intel-Basis lange schwer. Die ersten Windows-Versionen waren alles andere als komfortabel, OS/2 floppte nach kurzer Zeit. In den 1990er-Jahren wurde der 68000 in Schachcomputern, Spielkonsolen und Taschenrechnern verbaut, die daraus weiterentwickelten Dragonball-Prozessoren wurden im Palm und später in Smartphones eingesetzt und weiterentwickelt.

Diese Entscheidung aus dem Jahr 1979 ist heute eine, wenn nicht gar die wesentliche Ursache dafür, dass Smartphones und PCs so völlig unterschiedlich ticken, dass Windows auf Smartphones nicht Fuß fasst (Misserfolg von Windows Phone) und umgekehrt das App-Konzept auf PCs nur halbherzig umsetzbar ist.

Die Spiele-Revolution

Die ersten Computerspiele der frühen 1970er-Jahre lassen sich nicht den heutigen Spielgenres zuordnen. Man versuchte, eine Spielidee technisch umzusetzen, oder nutzte neue technische Möglichkeiten wie die 1979 erstmals auf dem Atari 400 gezeigten Sprites, um damit neue Spiele zu bauen.

1979 war in der Computerspielszene das Jahr des Wandels, in dem einige maßgebliche Spiele erschienen, die Genres festlegten, in die sich spätere Spiele, wenn sie Erfolg haben wollten, einordnen lassen mussten.

Geschicklichkeitsspiele

Snake, das erste und bis heute eines der bekanntesten Geschicklichkeitsspiele, bei dem man eine immer länger werdende Schlange mit den Pfeiltasten durch ein Labyrinth führt und Hindernissen, einschließlich dem eigenen Schlangenkörper ausweicht, wurde 1979 als Hyper-Wurm auf dem TRS-80 vorgestellt. Heute ist Snake für fast jede Computerplattform verfügbar. Nokia hatte es jahrelang auf Handys vorinstalliert. Seit der aktuellen Version der Spieleplattform Google Play Games ist Snake auch auf Android vorinstalliert.

Ballerspiele

Einer der größten Erfolge in der Geschichte der Computer- und Videospiele war das 1979 veröffentlichte Asteroids, bei dem ein Raumschiff Asteroiden ausweichen und sie abschießen musste. Atari entwickelte für dieses Spiel eigene Spielautomaten, die in öffentlichen Spielhallen aufgestellt wurden. Das Museum of Modern Art in New York würdigt Asteroids als wichtiges Kunstwerk seiner Zeit in der Dauerausstellung.

Rollenspiele

Rollenspiele gehören heute zu den erfolgreichsten Spielgenres überhaupt. 1979 erschien Akalabeth: World of Doom, das erste Computerrollenspiel, zunächst auf Applesoft BASIC entwickelt und später auf DOS portiert. Das Spiel wurde ab 1980 kommerziell vertrieben und rund 30.000-mal verkauft – gemessen an den wenigen damals verfügbaren Computern ein enormer Erfolg.

Vektorgrafik

Lunar Lander, die grafische Simulation einer Mondlandung, war im Jahr 1979 das erste Vektorgrafikspiel. Da damalige Heimcomputer und Videokonsolen nicht leistungsfähig genug waren, produzierte Atari für dieses Spiel eine eigene Maschine mit einem Schwarz-Weiß-Monitor und einem an Flugzeugcockpits angelehnten Schubhebel.

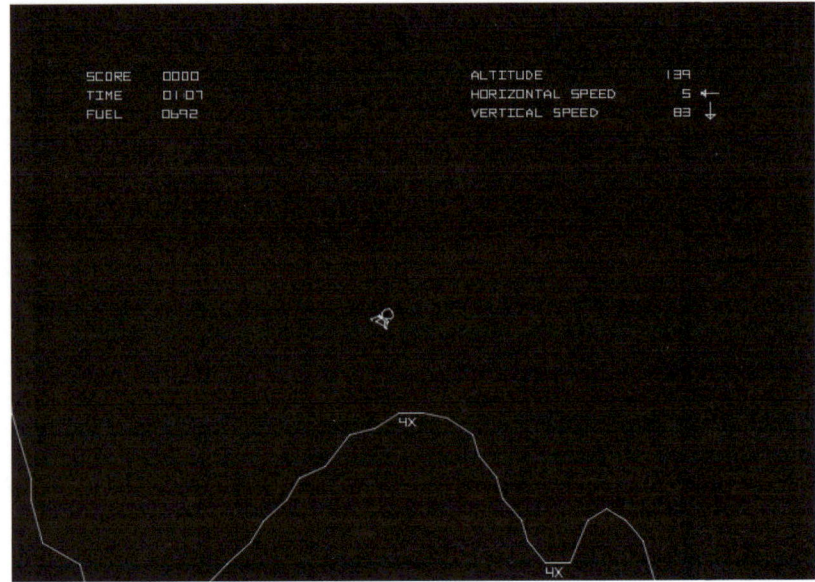

Wirtschaftssimulation

Lemonade Stand simulierte sehr einfach den Betrieb eines Limonaden-
verkaufsstands. Durch wirtschaftliche Planung beim Einkauf von
Zutaten und geschickte Preiskalkulation je nach Angebot und Nach-
frage bestimmte man über Erfolg oder Untergang eines kleinen Unter-
nehmens. Nach der ersten Veröffentlichung 1979 wurde dieses Spiel
einige Jahre lang auf Apple-Computern vorinstalliert mitgeliefert. 2002
wurde das Spielthema dieser ersten Wirtschaftssimulation in Lemonade
Tycoon wieder aufgegriffen.

Multi User Dungeon

1979, als es nur an Universitäten Netzwerke gab, entwickelten zwei
Studenten, Rov Trubshaw und Richard Bartle, an der Universität von
Essex das erste Multi User Dungeon für mehrere Spieler in einem
Netzwerk. Bartle, der heute Professor für Computerspieldesign an seiner
ehemaligen Universität ist, erhielt im Jahr 2005 den begehrten »First

Penguin Award« der International Game Developers Association für seine Entwicklung, die schlicht MUD hieß und einem ganzen Spielgenre seinen Namen gab.

Textadventures

Eine weitere beliebte Spielkategorie, die in dieser Zeit aufkam, waren die sogenannten Textadventures, auch als Interactive Fiction bezeichnet. Einen besonderen Namen in diesem Genre machte sich die 1979 gegründete Firma Infocom, deren Spiel Zork als erstes Spiel komplette Sätze und nicht nur einfache Wortbefehle verstand. Die in diesem Zusammenhang entwickelte Programmiersprache ZIL (Zork Implementation Language) wurde noch für weitere Spiele eingesetzt und wird bis heute als Fanprojekt mit neuen Abenteuern weitergeführt.

Infocom verzichtete als einer von wenigen Computerspieleherstellern der damaligen Zeit bei seinen Disketten auf technischen Kopierschutz, der schon immer zu Problemen führte. Stattdessen wurden den Spielen eigens produzierte Zeitungsausschnitte oder Streichholzbriefchen beigelegt, von denen man im Spiel eine bestimmte Information abschreiben musste.

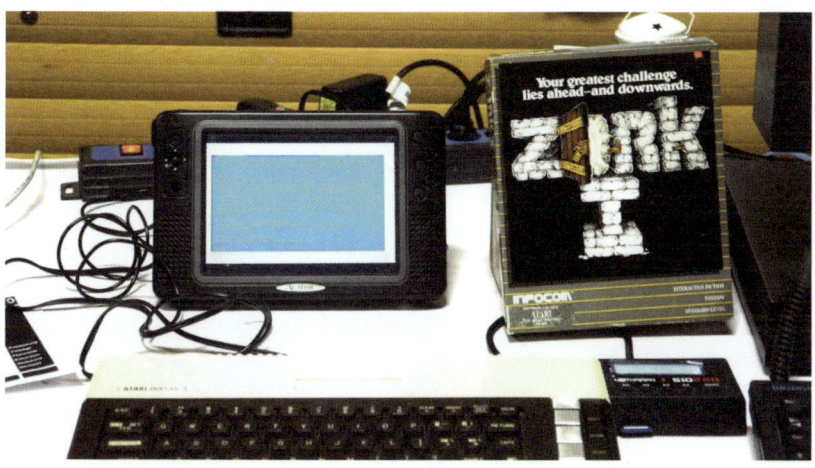

Das Betonschiff

Nach vier Jahren Bauzeit eröffnete am 2. April 1979 das Internationale Congress Centrum ICC in Berlin, das größte und modernste Tagungsgebäude in Europa, dessen Hightech-Architektur an ein Kreuzfahrtschiff erinnert. Das markante silbergraue Gebäude diente mehrfach als Filmkulisse, unter anderem für den Politkrimi »The International« sowie »Das Bourne Ultimatum«, »Die Tribute von Panem«, »The First Avenger: Civil War« und zuletzt »Atomic Blonde«.

Mittlerweile ist die anspruchsvolle Haustechnik aus den späten 1970ern stark reparaturbedürftig. Das ICC wurde am 9. April 2014 nach 35 Jahren Betriebsdauer vorläufig geschlossen und 2015 kurzzeitig als Notunterkunft für Flüchtlinge genutzt. Im Jahr 2019 könnte eine aufwendige Sanierung beginnen, nachdem sich herausgestellt hat, dass die von Befürwortern eines Abrisses vorgetragene Asbestbelastung doch deutlich geringer ist als angenommen.